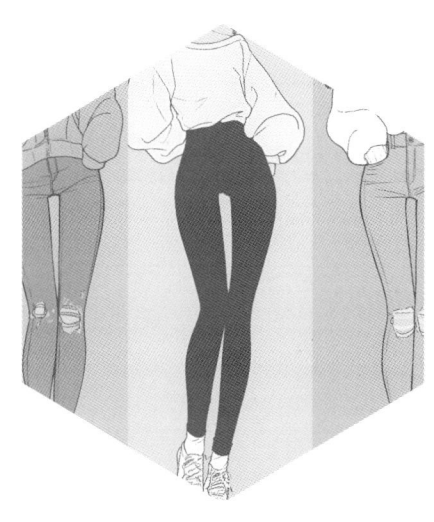

职业院校设计类"十四五"规划教材
"十四五""三教"改革精品教材

服装款式图设计

Fuzhuang Kuanshitu Sheji

主　编　黄艺璇
副主编　马腾驰
参　编　柯荣兴
主　审　杨皓军

华中科技大学出版社
http://press.hust.edu.cn
中国·武汉

内 容 简 介

　　本书主要从款式图绘制的美学原则、款式构成、工艺表现、面料材质表现等方面介绍服装款式图绘制的基本规律和方法,从生产实际出发,力求透析服装款式图绘制的实质。

图书在版编目(CIP)数据

服装款式图设计 / 黄艺璇主编. -- 武汉 ：华中科技大学出版社,2025. 5. -- ISBN 978-7-5772-1944-8

Ⅰ. TS941.2

中国国家版本馆 CIP 数据核字第 2025U75F34 号

服装款式图设计
Fuzhuang Kuanshitu Sheji

黄艺璇　主编

策划编辑：张　毅
责任编辑：杨赛君
封面设计：孢　子
责任监印：朱　玢
出版发行：华中科技大学出版社(中国·武汉)　　　电话：(027)81321913
　　　　　武汉市东湖新技术开发区华工科技园　　　邮编：430223
录　　排：武汉正风天下文化发展有限公司
印　　刷：武汉科源印刷设计有限公司
开　　本：889mm×1194mm　1/16
印　　张：6.25
字　　数：80千字
版　　次：2025 年 5 月第 1 版第 1 次印刷
定　　价：42.80 元

PREFACE

前言

　　服装款式图是对设计意图明确、清晰的展现，是服装制版工作的依据，能使设计更精准地与生产对接，尽可能完美地实现从想象到成品的转化。 服装款式图是设计中承接服装效果图与制版的一个重要中间环节，如何让效果图的线条转化为裁剪线与分割线，需要大量实践才能明了。

　　本书结合我国现有相关专业的教学特点和企业需求，主要从款式图绘制的美学原则、款式构成、工艺表现、面料材质表现等方面介绍服装款式图绘制的基本规律和方法，从生产实际出发，力求透析服装款式图绘制的实质；既注重专业基础理论的系统性与规范性，又重视专业教学的多样性和实践性。

　　书中附有大量的款式图例，每小节都提炼出学生需要掌握的重点、要点，旨在加强巩固所学章节的内容，拓展对专业设计工作的思考，为绘图练习及实践提供相当宝贵的基础参考。

　　本书由黄艺璇担任主编，马腾驰担任副主编，柯荣兴担任参编，并由杨皓军担任主审。 编者在编写本书的过程中参阅了许多国内外文献，在此一并表示感谢！

　　由于编者水平有限，书中难免会有疏漏和不足之处，恳请各位专家和广大读者给予批评、指正！

编　者

2024 年 11 月

CONTENTS

目录

第一章

服装款式设计概述

第一节
服装款式设计的概念

服装款式设计是服装设计中最主要、最基本的要素之一，它最能反映服装的本质特征和风格定位。 服装款式设计可以清晰地表达出设计师的创意和理念，使服装具有独特的个性和魅力。

在服装流行趋势的研究和发布中，款式设计起着至关重要的作用。 设计师捕捉时尚元素和流行趋势，并将其融入款式设计中，从而引领服装的潮流和发展方向。

款式设计不仅关注服装的美观性和时尚性，还注重服装的实用性和舒适性。 通过深入了解消费者的需求和喜好，设计师才能设计出符合消费者期望的服装款式，从而满足市场的多样化需求。

款式设计作为服装设计的重要组成部分，对服装产业的发展具有积极的推动作用。优秀的款式设计能够提升服装的品质和附加值，增强服装品牌的竞争力和影响力，从而推动整个服装产业的持续健康发展。

一、款式图的特点

服装款式图是将设计图中表现不够清楚的部位具体而准确地表现出来的设计图，它通常具有以下特点：工艺性与工整性、细节性、实用性、对称性。

1. 工艺性与工整性

服装款式图注重服装的工艺和细节表现，绘制时线条工整、规范，以清晰展现服装的结构和比例，见图 1-1。

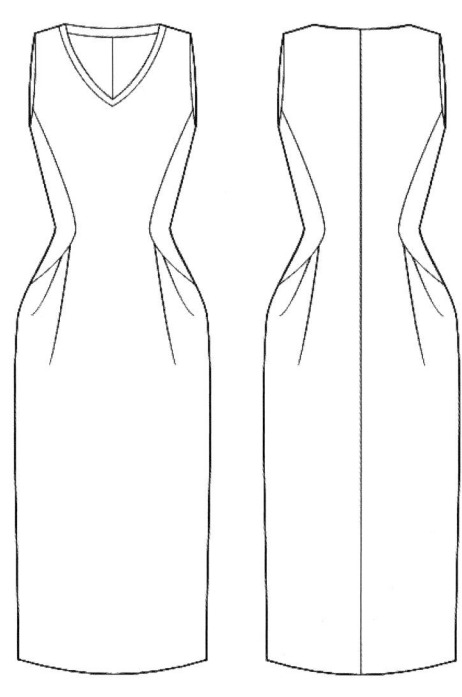

图 1-1

2. 细节性

服装款式图要求详细描绘服装的每一个细节，包括领口、袖口、裙摆等部位的造型和尺寸，以确保生产的准确性，见图 1-2。

图 1-2

3. 实用性

服装款式图旨在为服装生产提供明确的指导，因此它必须实用且易于理解。 绘图者应确保图中的虚实线条分明，它们代表不同的工艺要求，虚线表示缝迹线，实线表示裁片分割线或外形轮廓线，见图 1-3。

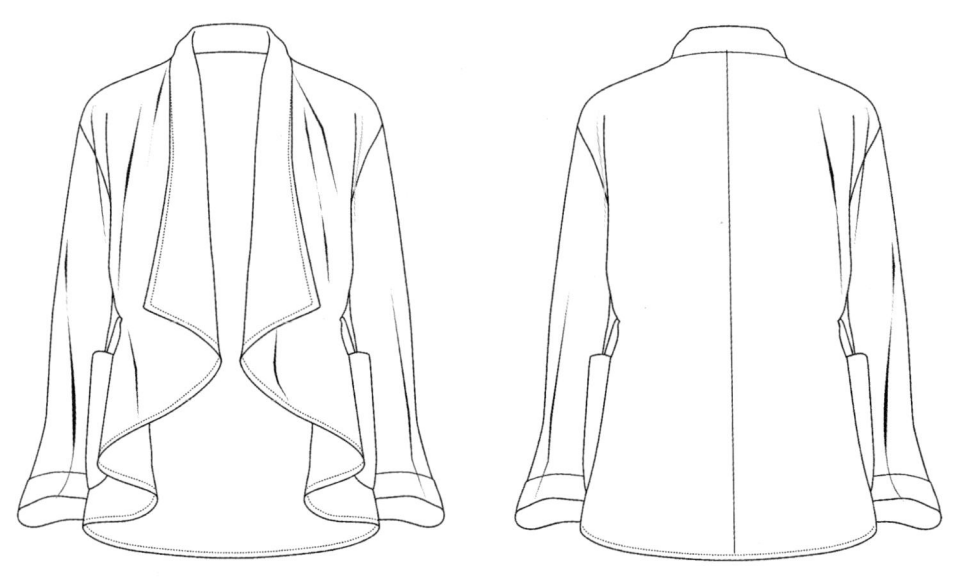

图 1-3

4. 对称性

由于人体结构的对称性，服装款式图在绘制时也会注重对称性，见图1-4，除非设计本身是不对称的。

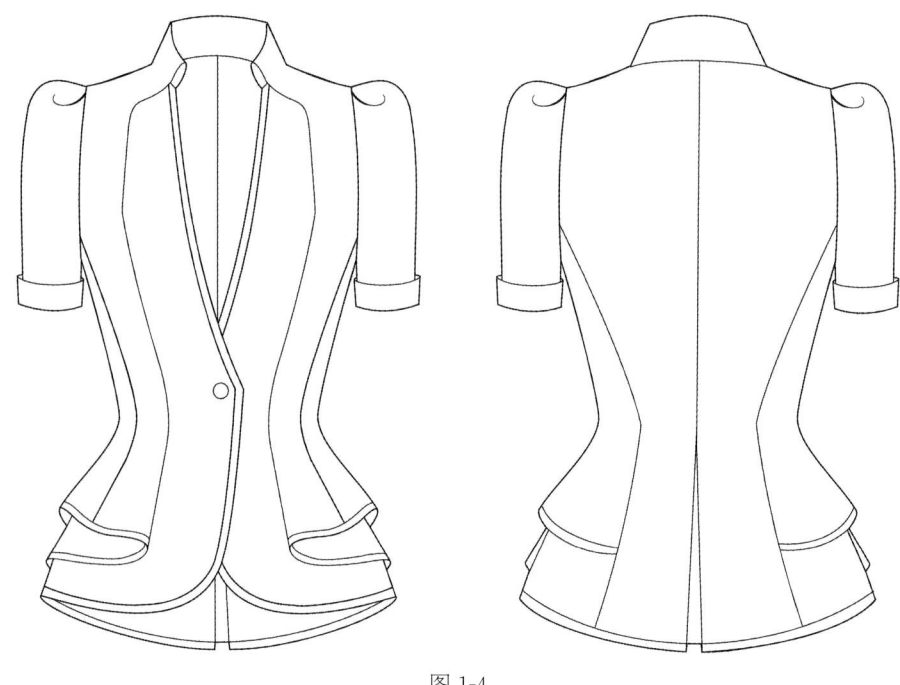

图 1-4

二、款式图与效果图的区别

1. 款式图

款式图主要关注服装的外观、结构和细节，强调服装的实际构造和比例。 它注重准确性和清晰度，以利于服装生产过程中制作人员的精确制作。 服装款式图通常以线条和轮廓来表现服装，注重细节的描绘和尺寸的标注。 它更像是服装的蓝图或图纸，为生产提供明确的指导。

2. 效果图

效果图则更注重表现服装的整体效果和设计感，通过色彩、光影等视觉元素来展现服装的美感和艺术性。 它更多地用于检验设计师的构思和穿着效果，传达构思意图和艺术效果给制作人员。 效果图更注重整体视觉效果，通过手绘或电脑绘图来展现服装的设计感和艺术性。 它不必注重服装的结构和工艺，而是更多地表现人体动态、神态、画面构图等。 效果图见图1-5、图1-6。

图 1-5

图 1-6

第二节
服装款式图设计的要点

一、绘制要求

1. 符合人体结构比例

服装款式图的设计必须严格符合人体结构比例关系，如肩宽、衣长、袖长等之间的比例关系。这是确保服装穿着合身、舒适的基础。绘制款式图需要准确把握人体的尺寸和形态，确保服装的轮廓和细节设计都与人体结构相匹配。

2. 对称性

由于人体是对称的，因此服装款式图中的领子、袖子、口袋、省缝等部位也需要保持对称性（除非设计本身是不对称的），见图1-7。这不仅可以确保服装的美观性，还可以提高穿着的舒适度和稳定性。

图 1-7

3. 线条清晰流畅

服装款式图中的线条要清晰、圆滑、流畅，虚实线条要分明，见图1-8。虚线通常表示缝迹线或装饰明线，而实线则表示裁片分割线或外形轮廓线。这些线条的不同表示方法代表了不同的工艺要求，因此在绘制时需要特别注意。

4. 细节详尽

服装款式图需要详尽地展示服装的每一个细节，包括领口、袖口、裙摆等部位的造型和尺寸。这可以通过局部放大图（见图1-9）或文字说明来实现，以确保生产的准确性和完整性。同时，对特殊制作工艺、型号标注、装饰明线距离等也需要进行详细的说明。

5. 面料与材质表现

服装款式图虽然主要关注服装的结构和细节，但面料和材质的表现也是不可忽视的。在绘制服装款式图时，可以用线条的硬与柔、重与轻、急与缓、深与浅等手法来表

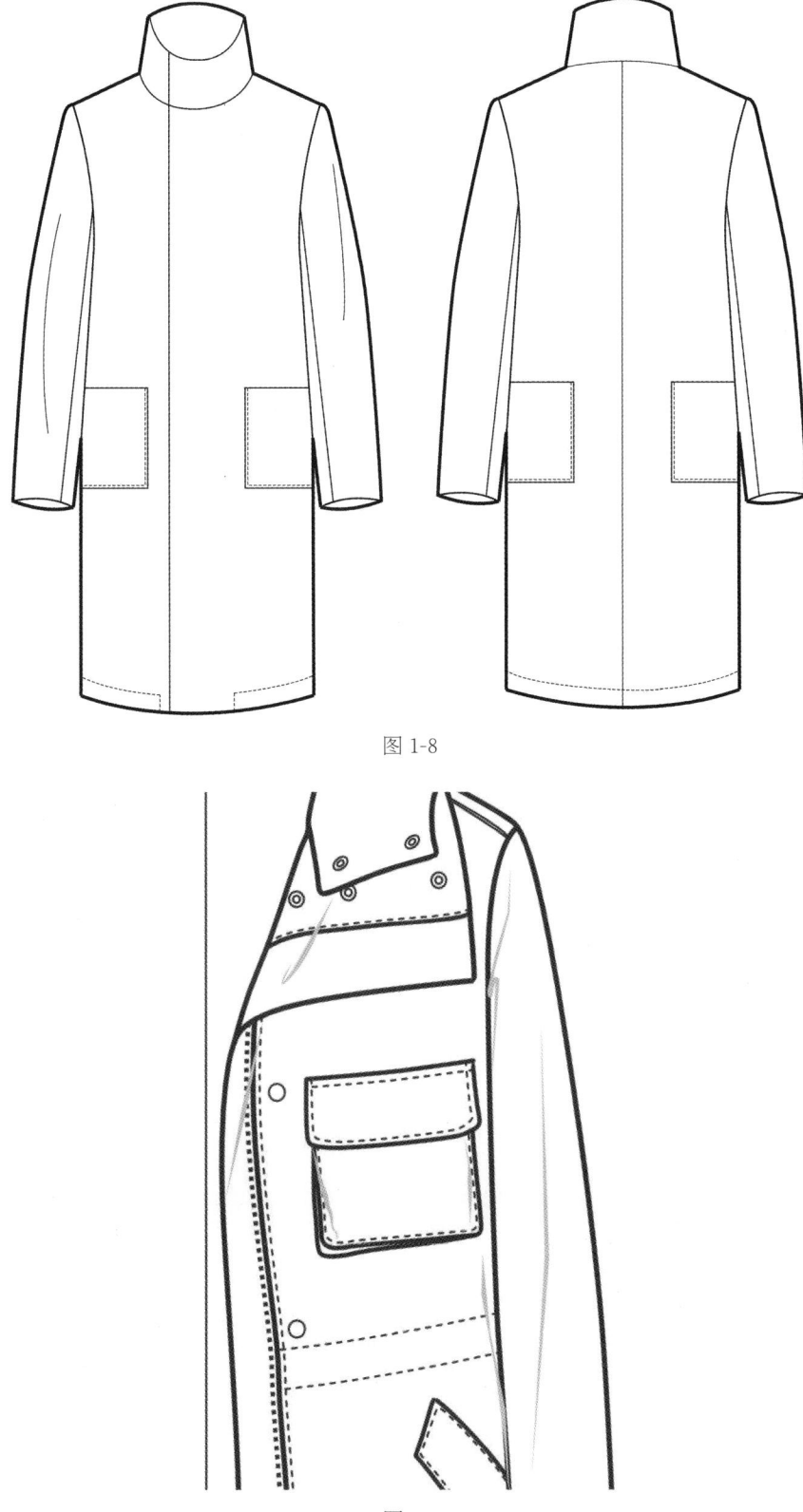

图 1-8

图 1-9

现面料材质，见图 1-10。 这有助于生产人员更好地理解设计意图，并选择合适的面料和
材质进行生产。

图 1-10

6. 文字说明与标注

在绘制服装款式图时,需要添加必要的文字说明和标注,见图 1-11。 这些文字说明和标注可以包括特殊制作工艺、型号标注、装饰明线距离、唛头及线号的选用等。这些信息对于生产的准确性和完整性至关重要,可以确保服装的品质和风格与设计师意图的一致性。

设计稿							
款式名称	号型	后中衣长	胸围	腰围	袖长	肩宽	袖口
连衣裙	165/84A	114	90	70	15	34	30

图 1-11

二、工艺表现——服装结构线

1. 服装结构线

1）定义

服装结构线是指能够塑造服装立体形态的分割线，见图 1-12。这些线条在服装设计中起着至关重要的作用，它们不仅决定了服装的轮廓和形态，还影响着服装的穿着效果和舒适度。

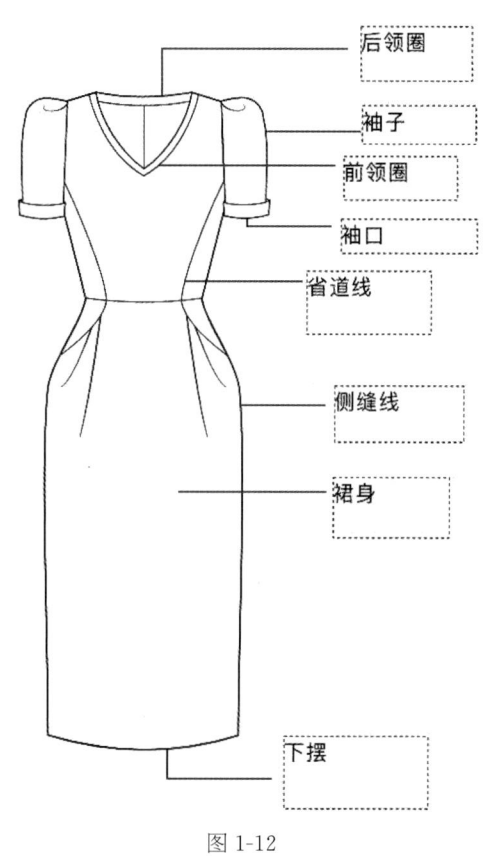

后领圈

袖子

前领圈

袖口

省道线

侧缝线

裙身

下摆

图 1-12

2）重要性

服装结构线通过合理的分割和布局，能够塑造出符合人体工学和审美需求的服装立体形态。

2. 服装结构线在款式图中的表现

在款式图中，服装结构线通常以明确的线条形式呈现，这些线条包括省道线、分割线、拼接线等。设计师在绘制款式图时，需要根据服装的款式和设计意图，合理地布局和绘制这些结构线。

1）省道线

省道线通常用于塑造服装的腰部、臀部等部位的立体形态，见图 1-13。在款式图中，省道线通常以虚线或实线的形式呈现，并标注出省道的位置和大小。

2）分割线

分割线用于将服装分割成不同的部分，以便更好地塑造服装的立体形态和穿着效果，见图 1-14。 在款式图中，分割线通常以实线的形式呈现，并清晰地标注出分割的位置和形状。

图 1-13

图 1-14

3）拼接线

拼接线用于将不同的面料或部件拼接在一起，形成完整的服装，见图 1-15。 在款式图中，拼接线通常以实线的形式呈现，并标注出拼接的位置和方式。

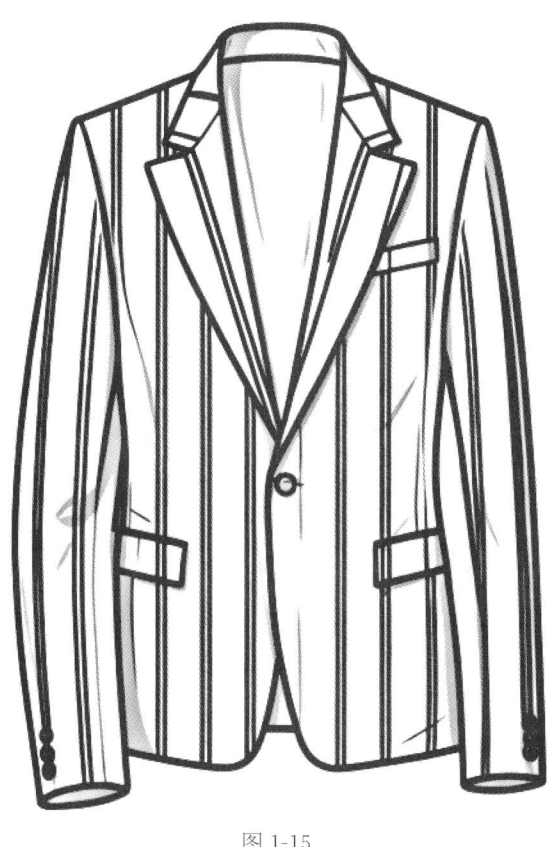

图 1-15

3. 结构线设计的注意事项

1）符合人体工学

结构线的设计应符合人体工学，确保服装能够贴合人体曲线，提高穿着的舒适度和美观度。

2）考虑面料特性

不同面料的特性和质感对结构线的设计有一定的影响。设计师在选择面料时，应充分考虑其特性和质感，并据此调整结构线的布局和形状。

3）注重整体效果

结构线的设计应注重整体效果，确保各个部分的协调和统一。同时，结构线的设计还需要考虑服装的款式、风格以及穿着场合等因素。

三、工艺表现——服装缝迹线

缝迹线在服装款式图中主要用来表示服装各部件之间的缝合位置及缝合方式。我们通过缝迹线，可以清晰地看出服装的组装过程和结构特点。可见，缝迹线为服装的裁剪和缝制提供准确的指导。

1. 缝迹线类型选择

根据服装的款式和面料特点，选择合适的缝迹线类型。常见的缝迹线类型包括平缝线、拷边线、绷缝线等。

平缝线适用于一般面料的缝合，拷边线常用于需要加固或装饰的边缘部位的缝合，绷缝线则多用于针织面料的缝合。

2. 绘制缝迹线

一般使用虚线或点画线等合适的线条类型来表示缝迹线。 缝迹线的绘制应清晰、准确，线条的粗细和长短要适中，以便于理解和操作。

注意：缝迹线的方向应与服装的缝合方向一致，以免产生误解。

服装缝迹线的表现见图 1-16。

图 1-16

四、工艺表现——省位的表现

1. 省位的表现方法

1）直接绘制法

直接绘制法是指直接使用线条绘制出省位的位置和形状。这种方法直观明了，能够清晰地展示省位的布局和大小。绘制省位时，需要注意省位的形状和大小要与人体曲线相匹配，同时要考虑服装的款式和穿着效果。

2）标注法

标注法是指在款式图的适当位置，使用文字或符号标注出省位的位置和名称。这种方法适用于省位较多或布局复杂的款式图。标注时，需要确保文字或符号的清晰度和准确性，以便后续的制作过程能够顺利进行。

3）阴影法

阴影法是指在款式图中通过添加阴影效果来模拟省位对服装立体形态的影响。这种方法适用于需要展示服装立体效果的款式图。添加阴影时，需要注意阴影的深浅和位置要与省位的设置相匹配，以突出服装的立体感和层次感。

2. 款式图中省位的常见类型与表现

1）肩省

肩省是位于肩部的省位，通常用于调整肩部的宽度和形状。在款式图中，肩省通常表现为从肩部向下的斜线或曲线。

2）领省

领省是位于领圈处的省位，通常用于调整领口的形状和大小。在款式图中，领省通常表现为围绕领圈的一圈或多圈线条。

3）胸省或袖笼省

胸省或袖笼省是位于胸部或夹圈处的省位，通常用于调整胸部的隆起和形状。在款式图中，胸省或袖笼省通常表现为从胸部或夹圈处向下的斜线或曲线。

4）腋下省

腋下省是位于夹圈下面的腋下处的省位，通常用于调整腋下的宽松度和舒适度。在款式图中，腋下省通常表现为从腋下向下的直线或曲线。

5）腰省

腰省是位于腰部的省位，通常用于调整腰部的宽度和形状。在款式图中，腰省通常表现为从腰部向两侧的直线或曲线。

3. 注意事项

1）准确性

在绘制款式图时，需要确保省位的准确性和清晰度，以免后续制作过程中出现误差和混淆。

2）一致性

在款式图中，需要保持省位的一致性，确保各个部分的协调和统一。

3）可读性

款式图中的省位应易于理解，以便后续的制作过程能够顺利进行。

4）人体工学

省位的设计应符合人体工学，确保服装能够贴合人体曲线，提高穿着的舒适度和美观度。

省位的表现见图 1-17。

图 1-17

五、工艺表现——褶皱的表现

1. 褶皱的分类

1）自然褶

自然褶是指自然形成的褶皱，如因面料悬垂、人体动作等产生的褶皱。

2）规律褶

规律褶是指按照一定规律排列的褶皱，如平行褶、波浪褶等。

2. 款式图中褶皱的表现方法

1）线条表现法

线条表现法是指使用线条（实线、虚线、曲线等）在款式图上勾勒出褶皱的形状和走向。线条的粗细、长短、疏密等变化可以表现出褶皱的立体感和动态美。

2）阴影表现法

阴影表现法是指通过添加阴影效果来模拟褶皱对光线的吸收和反射效果，从而增强褶皱的立体感。阴影的深浅、位置和形状需要与褶皱的形态相匹配。

3）色彩与纹理表现法

色彩与纹理表现法是指利用色彩和纹理的变化来表现褶皱的质感和形态。不同色彩和纹理的面料的褶皱会有不同的视觉效果，可以通过款式图来展示这些差异。

3. 款式图中褶皱的常见类型与表现

1）收腰褶

收腰褶通常位于腰部，用于收紧腰部线条，展现女性的曲线美。在款式图中，收腰褶通常表现为从腰部向外扩散的线条，线条由粗到细，整体呈三角形走向。

2）发散褶

发散褶是指由中心向四周发散的褶皱，常用于裙摆、袖口等部位。在款式图中，发散褶通常表现为从中心点向外辐射的线条，线条的疏密和长度可根据设计需求进行调整。

3）荷叶褶

荷叶褶是类似于荷叶边缘的褶皱，常用于裙摆、领口等部位。在款式图中，荷叶褶通常表现为由宽变窄的线条，从大三角形到小三角形的渐变效果。

4）硬挺褶

硬挺褶是指面料较硬挺时形成的褶皱，如西装、风衣等服装中的褶皱。在款式图中，硬挺褶通常表现为线条清晰、立体感强的褶皱形态。

5）抽褶

抽褶是指通过抽紧面料形成的褶皱，常用于裙子、袖子等部位。在款式图中，抽褶通常表现为从抽褶部位向两边扩散的细密线条，线条间可添加带钩的线条以增强立体感。

褶皱的表现见图1-18。

图 1-18

六、工艺表现——图案纹理的表现

1. 几何图案

几何图案由点、线、面等基本几何元素组合而成，如条纹、格子、波点等。 这些图案通常具有简洁、明了的特点，能够营造出时尚、大方的视觉效果。

2. 自然图案

自然图案是以自然界中的花卉、动物、山水等元素为设计灵感，通过艺术加工形成的独特的图案。 自然图案能够赋予服装生动、活泼的气息，展现出大自然的魅力。

3. 抽象图案

抽象图案以非具象的线条、色彩和形状为表现形式，强调艺术感和创新性。 抽象图案能够激发人们的想象力，营造出独特的视觉体验。

4. 民族图案

民族图案汲取各民族传统服饰中的图案元素，如民族纹样、图腾等。 民族图案能够展现多元文化的魅力，增强服装的文化内涵。

5. 现代图案

现代图案是结合现代设计理念和审美趋势而形成的具有时代感的图案。 现代图案通常具有简洁、明快的特点，能够营造出时尚、前卫的视觉效果。

图案纹理的表现见图 1-19。

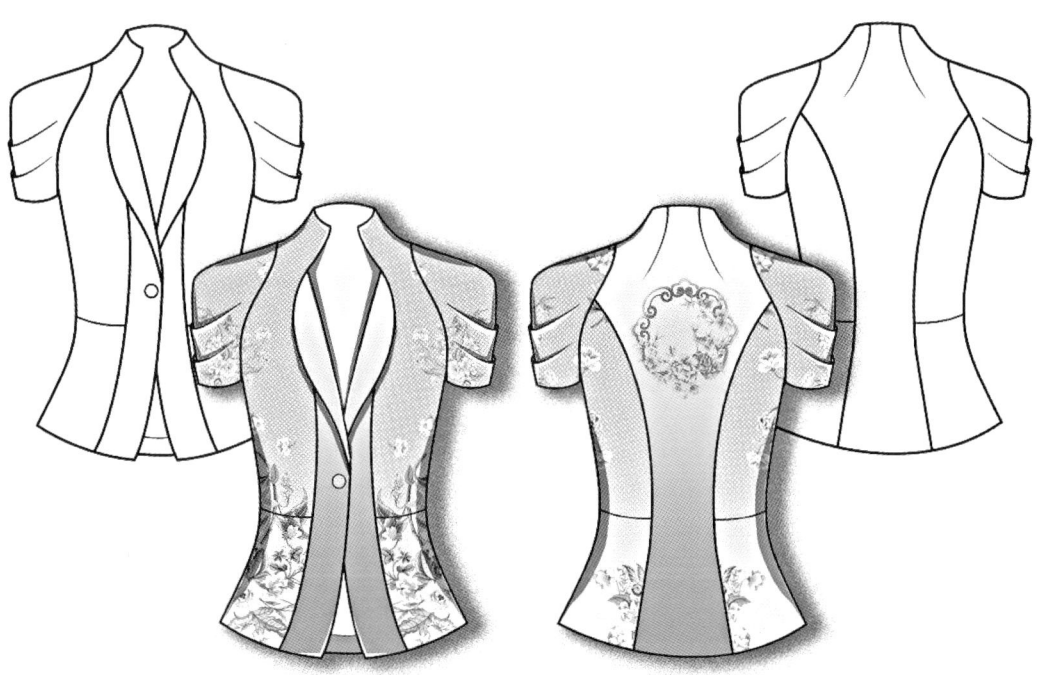

图 1-19

第二章

服装款式图的基础知识

第一节
基本工具

一、纸张

1. 素描纸

素描纸适合初学者使用，价格相对便宜，易于购买。

2. 水彩纸

对于需要用水彩上色的设计师来说，水彩纸是更好的选择，因为它能够承受水彩颜料的浸润和扩散。

3. 专用设计纸

一些品牌或供应商提供专门用于服装设计的纸张，这些纸张通常具有更好的吸墨性和色彩表现力。

绘制服装款式图所用纸张见图 2-1。

图 2-1

二、绘图笔

1. 自动铅笔

推荐使用 H、HB 或 2B 的自动铅笔，线条纤细且易于擦拭，适合起稿。

2. 木质铅笔

木质铅笔虽然使用率较低，但在某些情况下仍然有用，特别是在需要绘制更粗或更深的线条时。

3. 针管笔

针管笔用于绘制精细的线条和勾勒细节，线条粗细由笔尖型号决定，常用品牌包括樱花、施德楼、德国红环、三菱等。

4. 秀丽笔

秀丽笔是一种特殊的软笔，自带一定的粗度，写出的字有笔锋，适合勾勒流畅且富于变化的线条。

服装款式图绘制用笔见图 2-2、图 2-3。

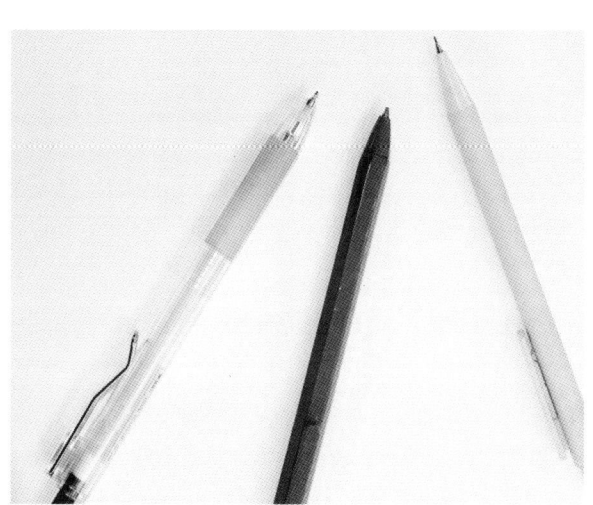

图 2-2

图 2-3

三、上色工具

1. 彩色铅笔

彩色铅笔易于掌握，笔触细腻，叠色自然，见图 2-4。 推荐购买 36 色或更多颜色的彩色铅笔套装，以满足不同色彩需求，常用品牌有德国辉柏嘉、施德楼等。

2. 马克笔

马克笔表现手法多样，设计效率高，是绘制服装效果图时使用的主要上色工具之一，分为酒精性、油性和水性三种，其中油性马克笔在服装手绘上色中较为常用，见图 2-5，常用品牌包括 Touchmark、Copic、法卡勒等。

3. 水彩

水彩(见图 2-6)能够调和出丰富的颜色，具有透明性和快速干燥的特点，适合表现面料的质感和细节，常用品牌有樱花、荷尔拜因、Daniel Smith 等。

4. 水粉

水粉属于水彩的一种，不透明且易于使用，适合初学者。

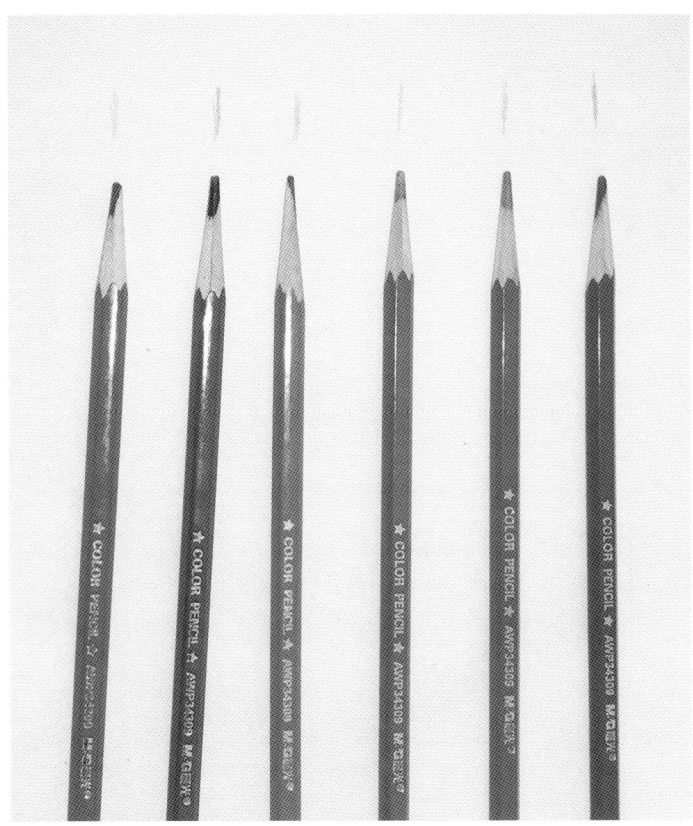

图 2-4

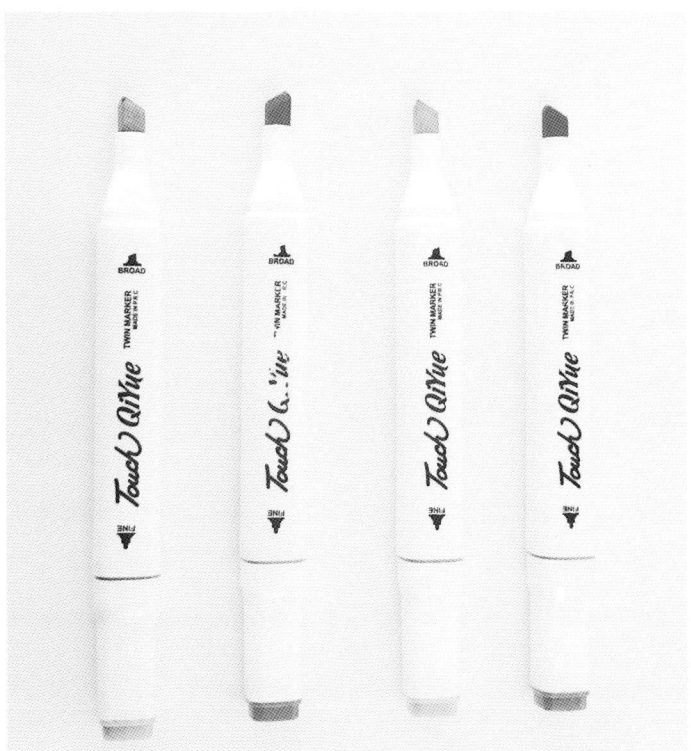

图 2-5

图 2-6

四、辅助工具

1. 橡皮

橡皮用于擦除错误或不需要的线条，推荐选择美术专用橡皮，如 2B 橡皮、4B 橡皮、6B 橡皮等，以及可塑橡皮。

2. 高光笔

高光笔用于提高画面的局部亮度，让画面更加生动立体，推荐使用白色高光笔。

3. 尺子

尺子包括直尺（见图 2-7）、制版比例三角尺、逗号尺等，用于绘制直线、测量尺寸和保持比例。

4. 圆规

圆规用于绘制圆形或测量距离，特别是当需要绘制对称图案时。

5. 服装比例尺

服装比例尺用于按比例缩小绘制款式图，适合新手使用。

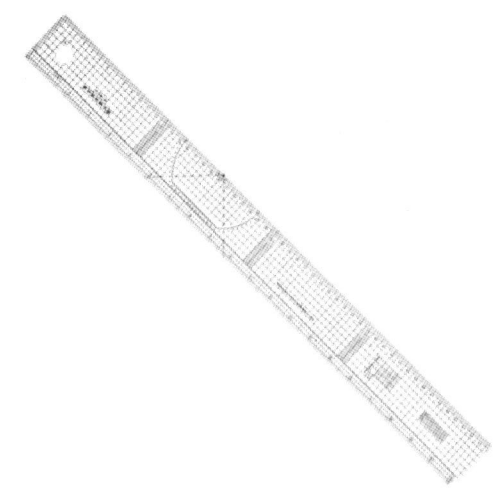

图 2-7

五、其他工具

1. 画板

画板用于固定纸张，方便绘画。选择四开的画板即可，考虑到画板容易变形，建议购买质量较好的画板。

2. 手绘板（数位板）

对于希望将手绘与数字技术相结合的设计师来说，手绘板是一个很好的选择，见图 2-8。它可以帮助设计师轻松地将手绘设计图转化为数字格式。

图 2-8

第二节
基础人体模版的绘制

一、基础男体模版的绘制

1. 确定基本比例

1）头部

先画一个圆圈代表头部，一般成年男子的身高为头长的七到八倍。头宽约为头长的三分之二，注意左右两边对称，男性的头相较于女性的头更宽一点，下颌骨棱角分明。

2）身体划分

从头部开始，将身体分为多个等份，通常可以画一条中心线，分为九等份，以辅助确定身体各部分的位置。

2. 绘制身体基本轮廓

1）颈部

颈部连接头部和身体，注意颈部应粗细适中，男性颈部通常比女性略粗。

2）肩膀和胸部

男性的肩膀明显比女性的宽，画出男性宽阔的肩部，胸部则相对平坦，但要有一定的肌肉轮廓。

3）腰部

男性的腰部较窄，为直线型的轮廓，画出明显的腰线。

4）臀部和腿部

臀部比腰稍宽，腿部从臀部向下延伸，大腿和小腿的比例相对均衡，膝盖位于从上往下大约第七个头长的位置，脚踝位于第九个头长上部的三分之一处。

5）手臂

手臂长度适中，大臂和小臂长度相等，肘部位于腰线附近，手腕约在大腿中间偏上的位置。

3. 细化身体结构

1）肌肉轮廓

在基本轮廓的基础上，细化肌肉的轮廓，如胸肌、三角肌、肱二头肌等，注意肌肉的走向和体积感。

2）骨骼结构

用线条表现骨骼结构，特别是手部和脚部的骨骼要清晰。

基础男体模版的绘制见图2-9。

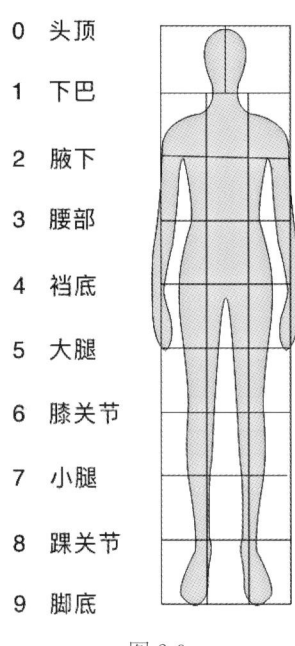

0	头顶
1	下巴
2	腋下
3	腰部
4	裆底
5	大腿
6	膝关节
7	小腿
8	踝关节
9	脚底

图 2-9

二、基础女体模版的绘制

1. 确定基本比例

以头长为测量单位，成年女性的身高一般为 7～8 个头长，美型人体的身高为 9 个头长。

躯干部分从下颚到耻骨为 3 个头长，腿部为 4 个头长。

2. 绘制基础轮廓

使用轻线条绘制一个椭圆形作为头部，注意下巴部分可以根据个人喜好画得尖一些或圆润一些。

在头部下方，绘制一个稍微倾斜的梯形作为胸腔，以及一个更宽的梯形作为盆腔，两者通过腰部连接。

3. 细化身体结构

1）上半身细化

在胸腔内绘制肋骨的轮廓，并确定肩线的位置，肩线位于胸腔梯形上部的二分之一高度处。 绘制锁骨和脖子，锁骨线在肩线处稍微往下画一点以营造锁骨窝，连接头部和肩线，画出肩膀及脖子。 细化胸部，将胸腔梯形中心与盆腔梯形中心之间距离的上部三分之一处定为胸部底端，从外往内画一个半圆弧，注意接近中线的地方不要连接，留点空隙会更加真实。

2）下半身细化

在盆腔内绘制髋骨，注意髋骨比肩膀略宽。 绘制大腿，大腿长度为盆腔到膝盖的距离，线条从髋骨两侧向下延伸，大腿弧度从大到小慢慢往里收。 在大腿下方绘制小腿和脚，小腿比大腿细，脚踝处最细，脚部呈扁平状。

4. 添加细节与调整

添加肌肉与脂肪分布：根据女性身体特点，在胸部、臀部、大腿等位置添加适量的肌肉与脂肪分布，使身体曲线更加柔和。

细化四肢：细化手臂，手臂长度适中，大臂和小臂长度接近，肘部位于腰部附近。

细化手指和脚趾：注意手指和脚趾的关节和形态。

调整整体比例与形态：根据整体比例和形态，进行细微的调整，确保身体各部分协调一致。

基础女体模版的绘制见图 2-10。

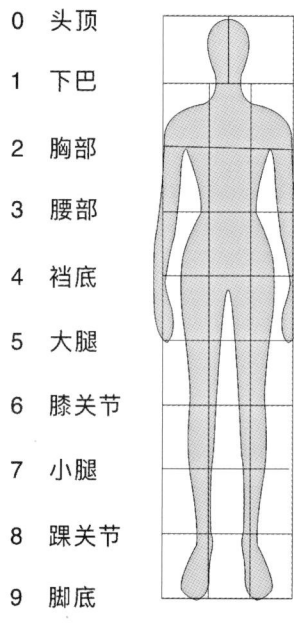

0	头顶
1	下巴
2	胸部
3	腰部
4	裆底
5	大腿
6	膝关节
7	小腿
8	踝关节
9	脚底

图 2-10

本章习题

画图题：绘制基础男体、女体模版。

第三章

服装款式图的绘制步骤

第一节
款式图的绘制

一、准备工具与材料

在开始绘制之前，需要准备好必要的工具与材料，如素描纸、铅笔（推荐使用 H、HB 或 2B 的自动铅笔）、橡皮、针管笔（用于勾勒细节）、彩色铅笔或马克笔（用于上色）、比例尺（可选，用于调整比例）等。

二、绘制人体模特

1. 确定比例

根据服装设计的需要，确定人体模特的比例。 一般来说，成年女性的身高为 7 ~ 8 个头长，男性则略低一些。 使用铅笔轻轻地画出人体模特的轮廓，注意比例应协调。

2. 细化结构

在人体模特的轮廓基础上，细化出肩膀、胸部、腰部、臀部、四肢等结构。 女性的身体曲线要柔和些，男性的则要硬朗些。

3. 调整姿态

根据服装的款式和风格，调整人体模特的姿态。 例如，连衣裙适合站立或微微倾斜的姿态，而牛仔裤则可能需要展示腿部线条。

三、勾线造型

1. 勾勒服装轮廓

在人体模特的基础上，使用铅笔轻轻地勾勒出服装的轮廓，注意保持服装线条流畅，符合人体的自然曲线。

2. 细化服装结构

在服装轮廓的基础上，细化出领口、袖口、口袋、腰带等结构。 这些结构要与服装的整体风格相协调。

3. 调整比例与细节

使用比例尺检查服装的比例是否协调，同时调整细节部分，如纽扣、拉链、绣花等。

四、上色与纹理表现

1. 选择色彩

根据服装的款式和风格，选择合适的色彩进行上色。 色彩要搭配得当，突出服装的特点。

2. 上色技巧

使用彩色铅笔或马克笔进行上色，注意色彩的层次感和过渡效果，使服装看起来更加立体和生动。

3. 表现纹理

在服装款式图中，可以利用线条、色彩和阴影来表现面料的纹理。 例如，使用细腻的线条表现丝绸的柔软感，使用粗犷的线条表现牛仔布的质感。

五、标注工艺与面料

1. 标注工艺

在服装款式图中，需要标注出特殊的工艺要求，如绣花、印花、烫钻等。 这些工艺要求要清晰明了，以便后续制作。

2. 注明面料

在服装款式图中要注明所使用的面料类型，如棉、麻、丝、毛等。 这有助于了解服装的舒适度和质感。

六、完善细节与尺寸标注

1. 完善细节

检查服装款式图中的细节部分，如纽扣、拉链、口袋等，确保它们与整体风格相协调且位置准确。

2. 尺寸标注

根据实际需要，在服装款式图中标注出服装的尺寸信息，如衣长、袖长、胸围等。这有助于后续制作，以确保尺寸的准确性。

第二节
轮廓形设计

一、服装轮廓形的定义

服装轮廓形是指服装的外轮廓线条，是服装总体形象的基本特征，也是从远处所看到的服装形象效果。它反映了服装的整体形态和风格，是服装设计的关键要素之一，见图3-1。

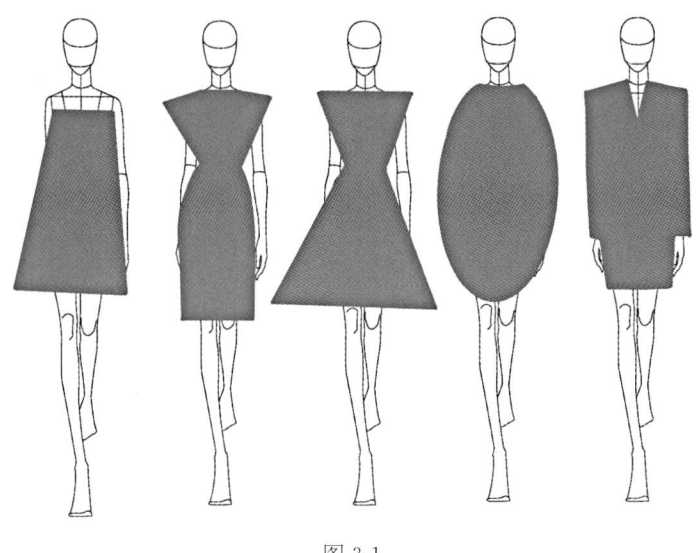

图3-1

二、服装轮廓形的分类

服装轮廓形可以根据不同的分类方式进行划分，常见的分类方式介绍如下。

1. 按字母形状分类

1）A形
窄肩，由腋下逐渐变宽的廓形，常见于连衣裙、大衣等款式，见图3-2、图3-3。

2）H形
平肩，不收紧腰部，筒形下摆的廓形，具有简约、利落的特点，见图3-4。

3）X形
有着自然的肩部线条，明显的胸部、腰部、臀部设计的轮廓形，能够突出女性的曲线美，见图3-5、图3-6。

4）T形
肩部夸张、下摆内收，从而形成上宽下窄的廓形，适合打造个性、前卫的风格，见图3-7。

5）O形
腰部线条宽松，形成椭圆形的廓形，具有休闲、舒适的特点，见图3-8。

图 3-2

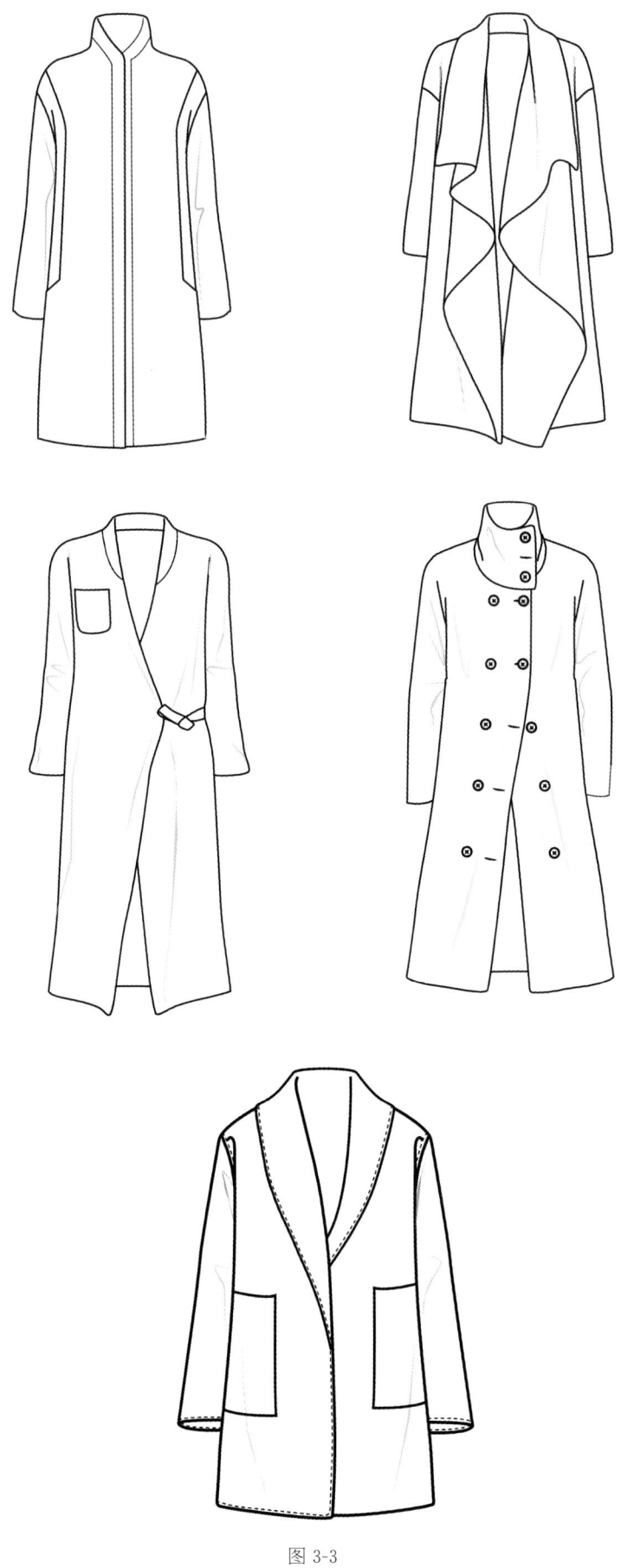

图 3-3

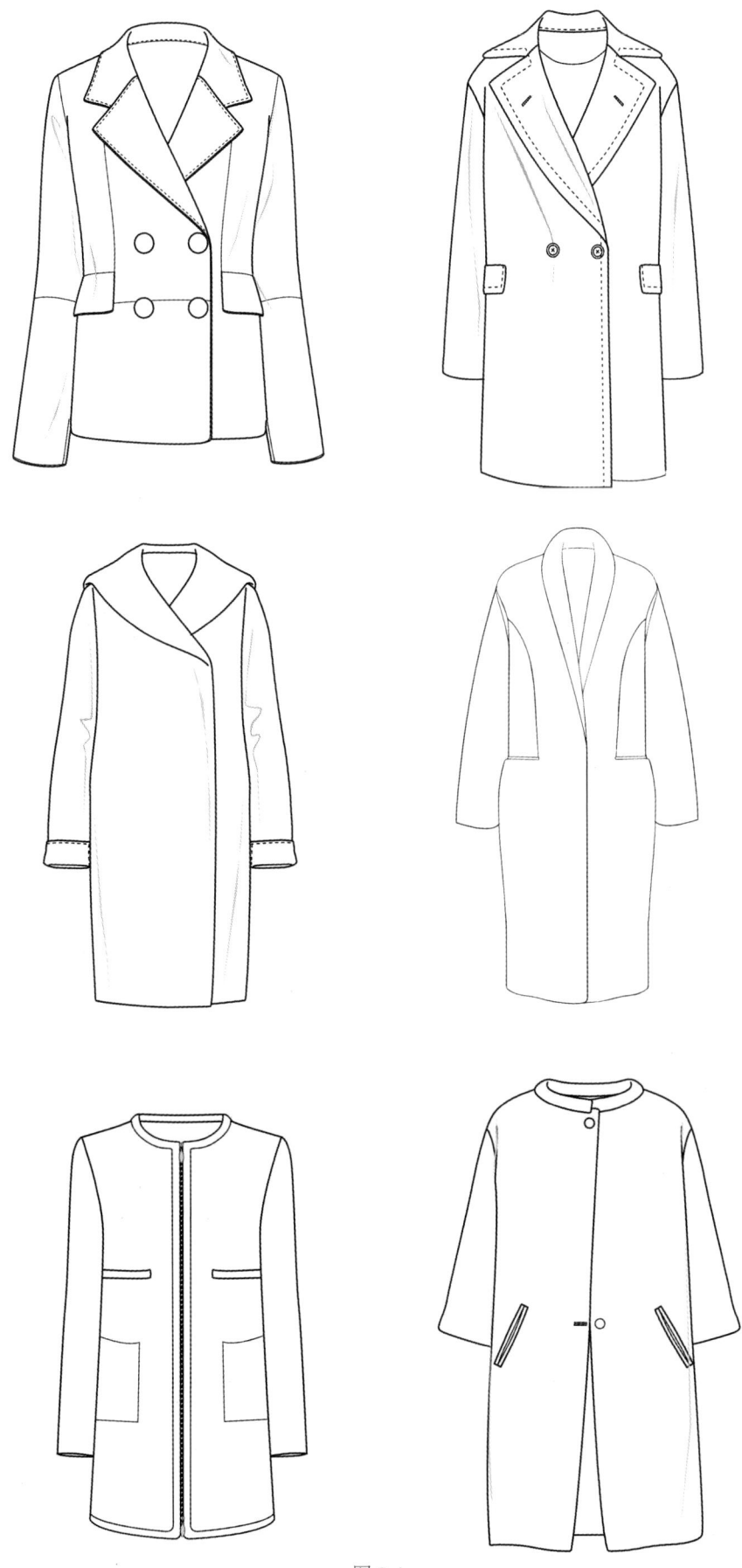

图 3-4

图 3-5

图 3-6

图 3-7

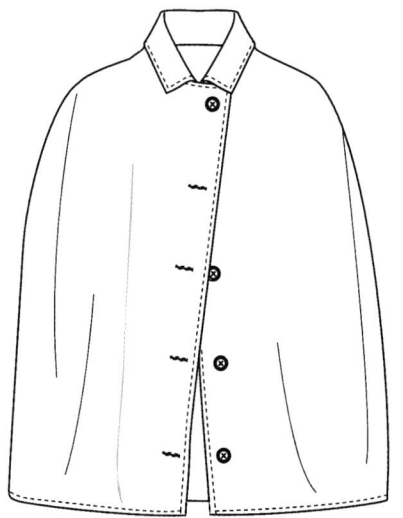

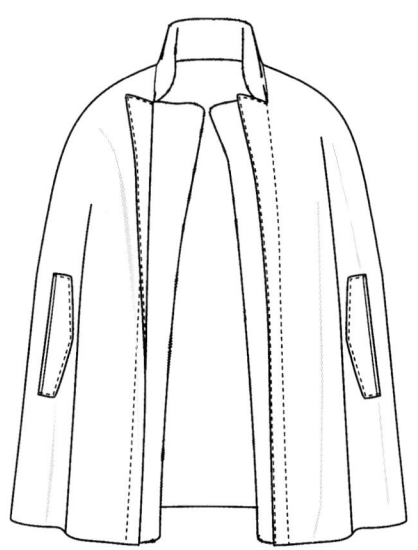

图 3-8

续图 3-8

2. 按几何形状分类

　　如长方形、正方形、圆形、椭圆形、梯形、三角形、球形等，这些形状也可以用于描述服装轮廓形。

三、服装轮廓形的设计要素

1. 领部设计

　　衣领的宽窄、形状和线条对服装轮廓形有着重要影响。调整领部的设计，可以改变服装的整体风格和视觉效果。各种领部设计见图 3-9。

图 3-9

2. 腰部设计

腰部的收紧或宽松程度决定了服装的曲线美或直线美。 腰部设计也是区分不同服装轮廓形的重要特征之一。 腰部设计见图 3-10。

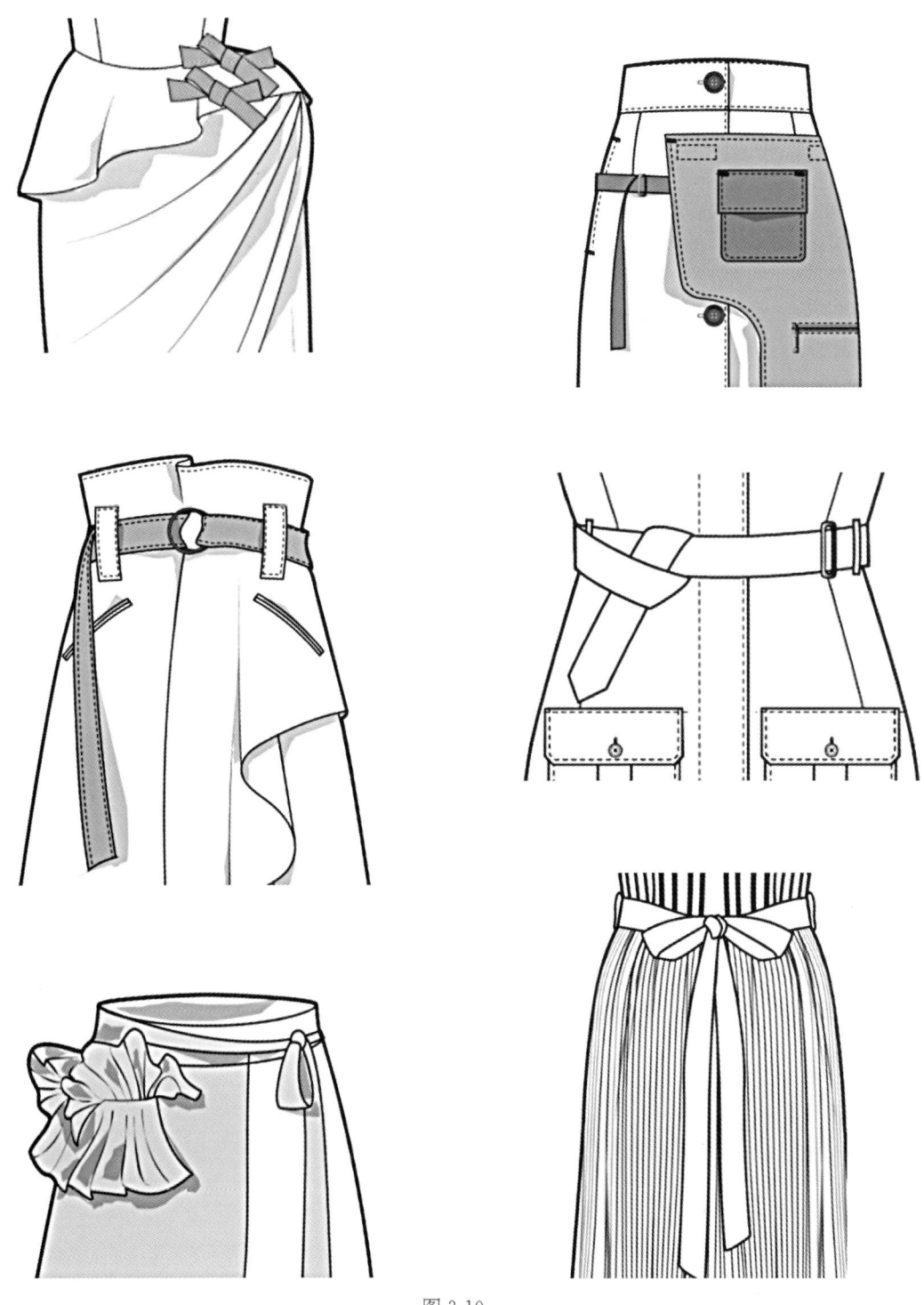

图 3-10

3. 臀部及下摆设计

　　臀部及下摆的形状和线条对服装轮廓形同样具有重要影响。 调整臀部及下摆的设计，可以打造出不同的风格和视觉效果。 臀部及下摆设计见图 3-11。

图 3-11

第四章

不同类型款式表现

第一节
上衣

一、准备阶段

1. 工具准备

准备铅笔、橡皮、直尺、曲线板、水彩笔或马克笔等工具。可以准备一些人台、卡纸等辅助工具，用于勾勒和标注上衣的轮廓和细节。

2. 了解上衣款式

在绘制之前，要对上衣结构有比较熟悉的了解，考虑款式结构和工艺。了解上衣中的肩、胸、腰等的宽窄变化对服装轮廓形产生的影响，以及款式各细节（如口袋、腰带、纽扣等）在款式图中所在的位置及比例关系。

二、绘制阶段

1. 勾勒基本轮廓

在纸上轻轻勾勒出上衣的基本轮廓，包括肩线、胸围线、腰围线和衣长等。注意比例结构应合理，如肩宽、衣长、袖长之间的比例关系。

2. 确定领口位置

根据上衣款式，确定领口的宽度、深度和中心对称线的位置。参照领口宽度点和深度点的位置，完成领口的绘制。注意领口与肩线的连接要自然流畅。

3. 绘制袖窿线和侧缝线

在基本轮廓的基础上，绘制袖窿线和侧缝线。袖窿线要根据袖子的形状和大小来确定，侧缝线则要与胸围线和腰围线保持协调。完成衣身的绘制，注意保持线条的清晰性和流畅性。

4. 绘制袖子

根据袖窿线的位置绘制袖子。袖子要与衣身自然衔接，线条要流畅。确定袖口线，完成袖口及前臂造型的绘制。

5. 添加内部结构线

根据上衣款式，添加内部结构线，如口袋位置线、省道线等。内部结构线要与外部轮廓线保持协调，且线条要清晰明确。

6. 绘制细节

根据上衣款式,绘制口袋、纽扣、腰带等细节。注意各细节的位置、大小和形状要与整体款式保持协调。

例如,口袋的角度对于身形有修饰作用,大小与衣身宽窄要协调;休闲外套的口袋一般比较大,而正装里面就很少用贴袋。

三、完善阶段

1. 勾勒最终线稿

使用水彩笔或马克笔,将上衣的铅笔线稿勾勒出来。勾勒时要保持线条的流畅性和清晰性,注意虚实线条应分明。

勾勒完成后,用橡皮将铅笔线条擦干净,确保最终线稿的整洁和美观。

2. 添加文字说明

在上衣款式图的适当位置,添加文字说明,说明内容如特殊工艺的制作、型号的标注、装饰明线的距离、唛头及线号的选用等。文字说明要简洁明了,确保能够准确传达设计意图和工艺要求。

3. 检查和完善

仔细检查上衣款式图的线条是否流畅、清晰,比例是否合理,细节是否齐全且位置是否准确。根据检查结果进行必要的完善和调整,确保上衣款式图的准确性和完整性。

四、注意事项

1. 对称性

由于人体是对称的,故款式图上凡需要对称的地方一定要左右对称(除不对称的设计以外),如领子、袖子、口袋、省缝等部位。

2. 工艺要求

款式图中的虚、实线条代表不同的工艺要求。例如,款式图中的虚线一般表示缝迹线,有时也表示装饰明线;实线一般表示裁片分割线或外形轮廓线。在制版和缝制时虚线和实线有着完全不同的意义。

上衣的款式表现见图 4-1～图 4-12。

图 4-1

图 4-2

图 4-3

图 4-4

图 4-5

图 4-6

图 4-7

图 4-8

图 4-9

图 4-10

图 4-11

图 4-12

第二节
裙装

一、准备阶段

1. 工具准备

准备铅笔、橡皮、直尺、曲线板、水彩笔或马克笔等工具。可以准备一些人台、卡纸等辅助工具，用于勾勒和标注裙装的轮廓和细节。

2. 了解裙装款式

在绘制之前，要对裙装的款式有清晰的认识，包括裙长、腰位、下摆形状、分割线、褶皱等。了解裙装的基本款，如直筒裙、A形裙、包臀裙等，以及它们的变化方法。

二、绘制阶段

1. 勾勒基本轮廓

在纸上轻轻勾勒出裙装的基本轮廓，包括腰围线、裙摆线等。注意比例结构应合理，如腰围与裙摆的比例、裙摆的宽度等。

2. 确定腰位和裙摆形状

根据裙装的款式，确定腰位和裙摆的形状。腰位可以是高腰位、中腰位或低腰位，裙摆可以是直筒形、A字形、圆形等。

3. 绘制分割线

根据裙装的款式，绘制分割线。分割线可以是纵向的、横向的，也可以是斜向的或曲线的。分割线的位置和形状会影响裙装的视觉效果和穿着舒适度。

4. 绘制褶皱

如果裙装有褶皱的设计，如波浪褶、抽褶、Z形褶等，要在基本轮廓的基础上绘制出来。注意褶皱的走向和起伏程度，要与裙装的整体风格保持协调。

5. 添加细节

根据裙装的款式，添加口袋、腰带、纽扣等细节。注意各细节的位置、大小和形状要与整体款式保持协调。

三、完善阶段

1. 勾勒最终线稿

使用水彩笔或马克笔，将裙装的铅笔线稿勾勒出来。勾勒时要保持线条的流畅性和清晰性，注意虚实线条应分明。

2. 添加文字说明

在裙装款式图的适当位置，添加文字说明，说明内容如特殊工艺的制作、型号的标注、装饰明线的距离等。文字说明要简洁明了，确保能够准确传达设计意图和工艺要求。

3. 检查和完善

仔细检查裙装款式图的线条是否流畅、清晰，比例是否合理，细节是否齐全且位置是否准确。根据检查结果进行必要的完善和调整，确保裙装款式图的准确性和完整性。

四、注意事项

1. 对称性

如果裙装是对称的，则其左右两边的轮廓和细节应保持一致。

2. 比例关系

要注意裙装各部分之间的比例关系，如腰围与裙摆的比例、裙摆的宽度与长度的比例等。

3. 面料质感

服装款式图虽然主要表达的是款式和结构，但也可以通过线条和阴影来表现面料的质感。

裙装的款式表现见图 4-13～图 4-20。

图 4-13

图 4-14

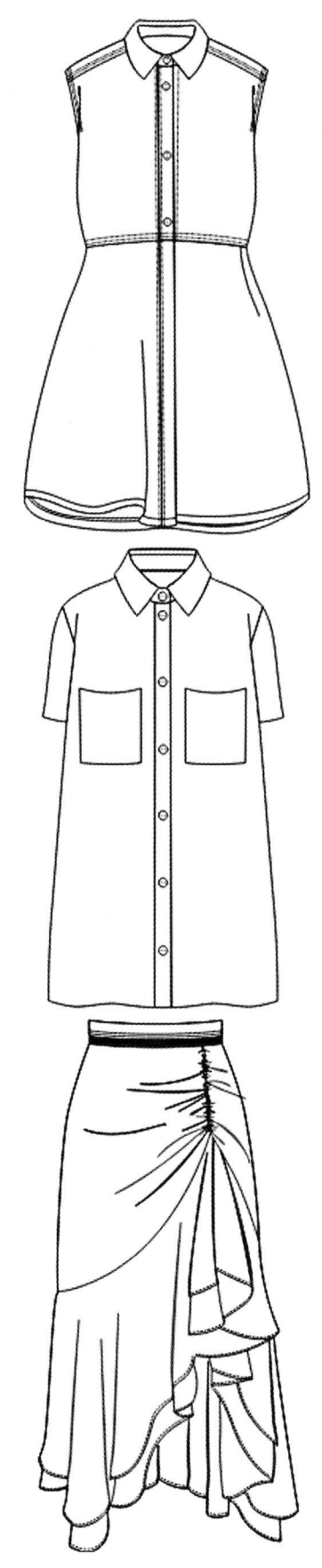

图 4-15

图 4-16

图 4-17

图 4-18

图 4-19

图 4-20

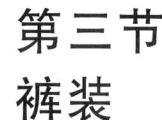

第三节
裤装

一、准备阶段

1. 工具准备

准备铅笔、橡皮、直尺、曲线板、水彩笔或马克笔等工具。 可以准备一些人台、卡纸等辅助工具，用于勾勒和标注裤装的轮廓和细节。

2. 了解裤装款式

在绘制之前，要对裤装的款式有清晰的认识，包括裤长、腰位、裤腿形状、口袋、腰带等细节。 参考已有的裤装款式图或实物，了解不同款式的特点和结构。

二、绘制阶段

1. 设置图纸和原点

将图纸设置为 A4 大小，竖向摆放，绘图单位为厘米（cm），绘图比例为 1∶5 或其他合适比例。 将原点设置在图纸左侧上部适当位置，作为绘图的起点。

2. 绘制直线框图

使用直尺和铅笔，根据裤装的款式，绘制出基本的直线框图，包括腰围线、臀围线、裤缝线、裤腿线等。 注意线条的平行和垂直关系，确保比例准确。

3. 调整相关曲线

使用曲线板和铅笔，将直线框图中的部分直线转换为曲线，以表达裤装的轮廓和细节。 例如，将腰围线、臀围线、裤腿线等部位的直线转换为符合人体形状的曲线。 注意曲线应平滑和流畅，避免突兀和生硬。

4. 绘制细节

根据裤装的款式，绘制口袋、腰带、纽扣等细节。 注意各细节的位置、大小和形状要与整体款式保持协调。 可以先使用铅笔轻轻勾勒出轮廓，再使用水彩笔或马克笔进行描绘和填充。

5. 检查

仔细检查裤装款式图的线条是否流畅、清晰，比例是否合理，细节是否齐全且位置是否准确。 根据检查结果进行必要的完善和调整，如修改线条的粗细、调整细节的位置和大小等。

三、完善阶段

1. 勾勒最终线稿

使用水彩笔或马克笔，将裤装的铅笔线稿勾勒出来。 勾勒时要保持线条的流畅性和清晰性，注意虚实线条应分明。

2. 添加文字说明

在裤装款式图的适当位置，添加文字说明，说明内容如面料、尺码标注、特殊工艺要求等。 文字说明要简洁明了，确保能够准确传达设计意图和工艺要求。

3. 检查和完善

再次检查裤装款式图的线条、比例、细节和文字说明是否准确无误，确保裤装款式图整洁、美观，符合设计要求和工艺要求。

四、注意事项

1. 比例关系

要注意裤装各部分之间的比例关系，如腰围与臀围间的比例、裤腿宽度与长度间的比例等。 这些比例关系将直接影响裤装的穿着效果和舒适度。

2. 对称性

如果裤装是对称的（如直筒裤等），要确保左右两边的轮廓和细节一致，可以使用对折法或复制粘贴法来绘制对称部分。

3. 面料质感

服装款式图虽然主要表达的是款式和结构，但也可以通过线条和阴影来表现面料的质感。 例如，使用粗线条和深色阴影来表现厚重或粗糙的面料；使用细线条和浅色阴影来表现轻薄或光滑的面料。

裤装的款式表现见图 4-21～图 4-34。

图 4-21

图 4-22

图 4-23

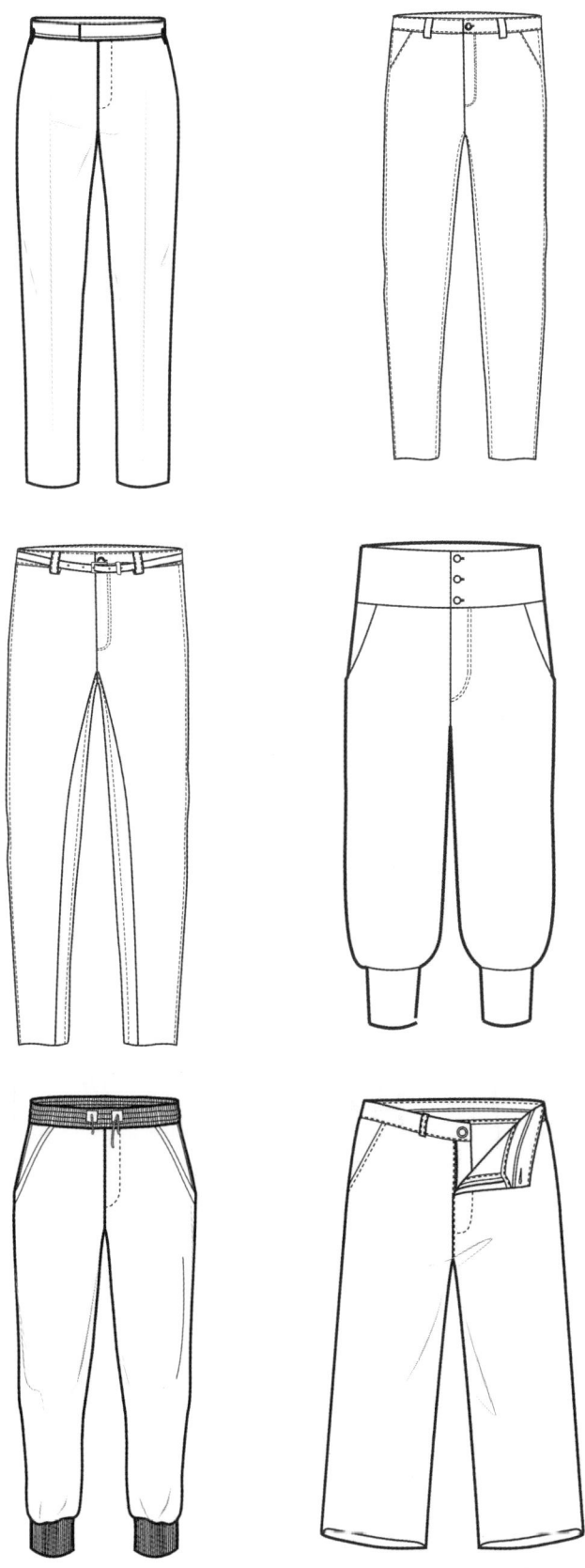

图 4-24

图 4-25

图 4-26

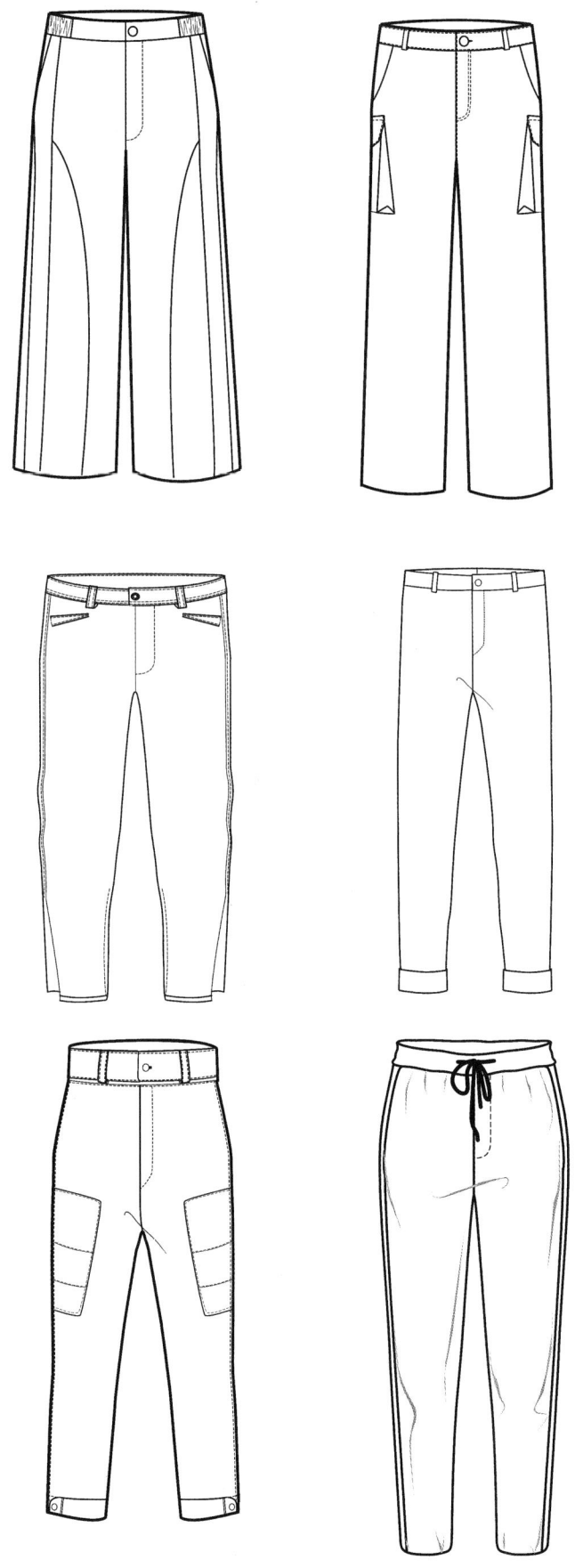

图 4-27

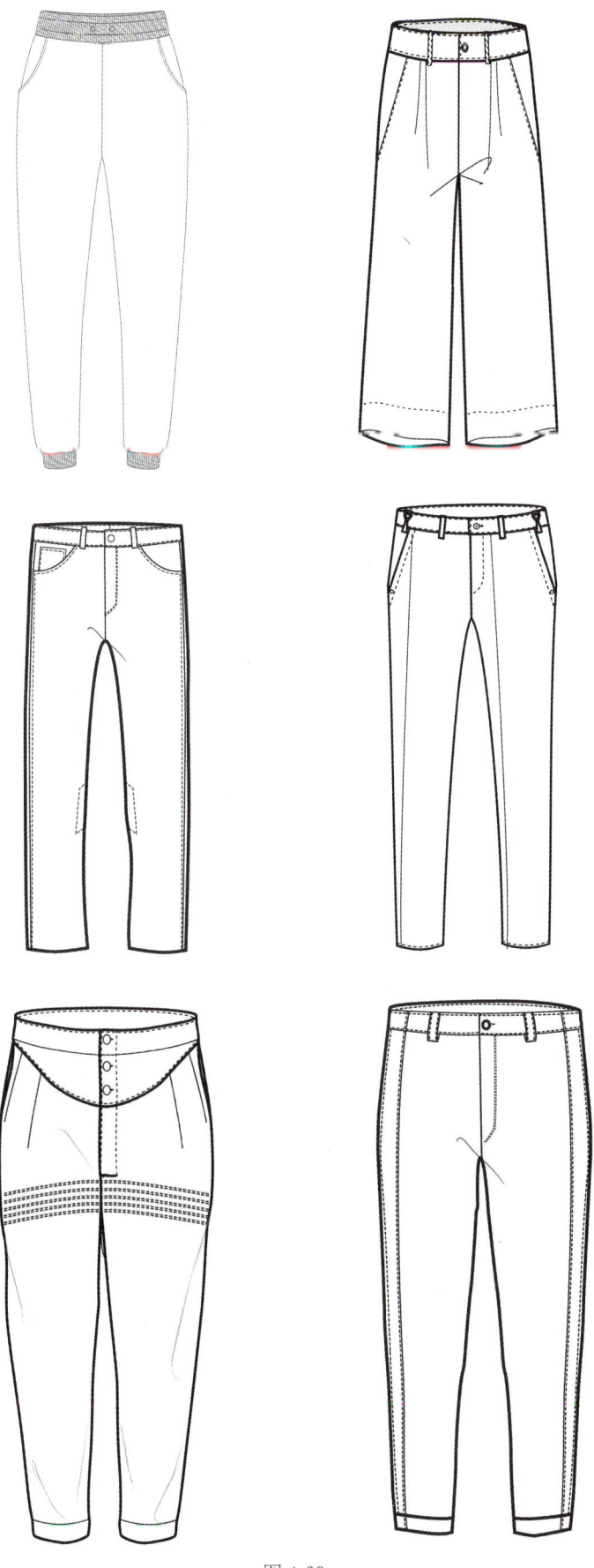

图 4-28

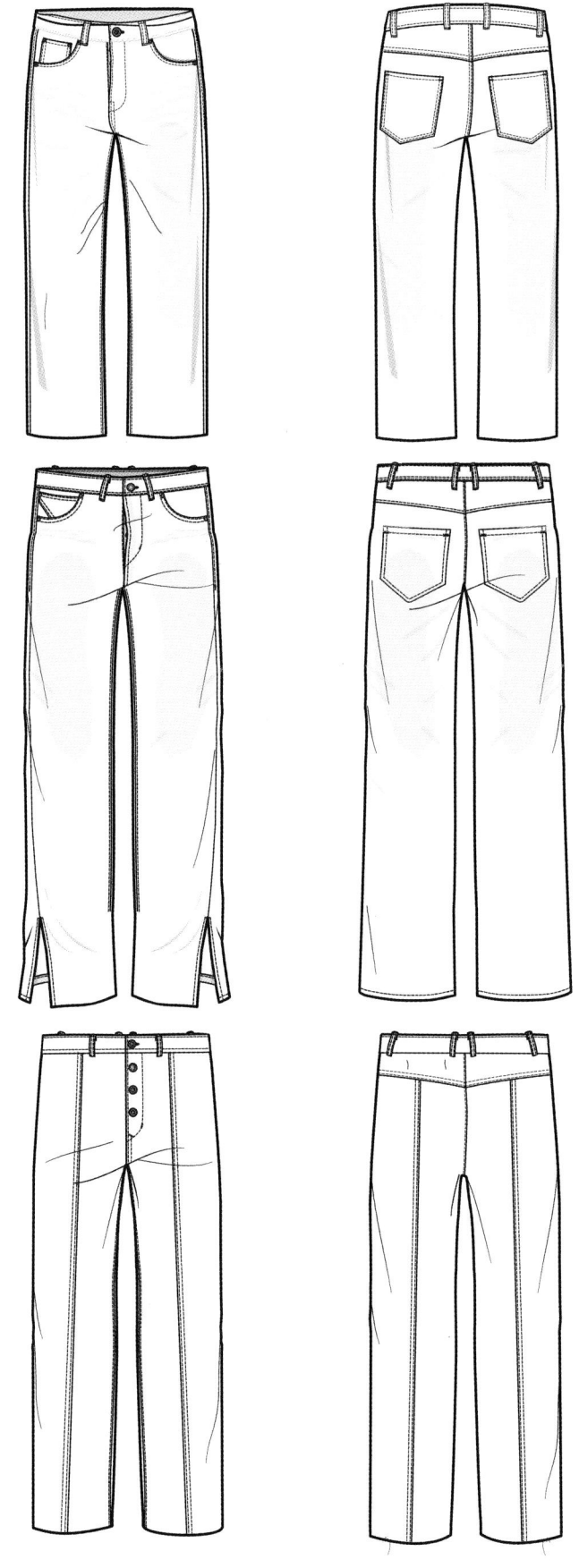

图 4-29

图 4-30

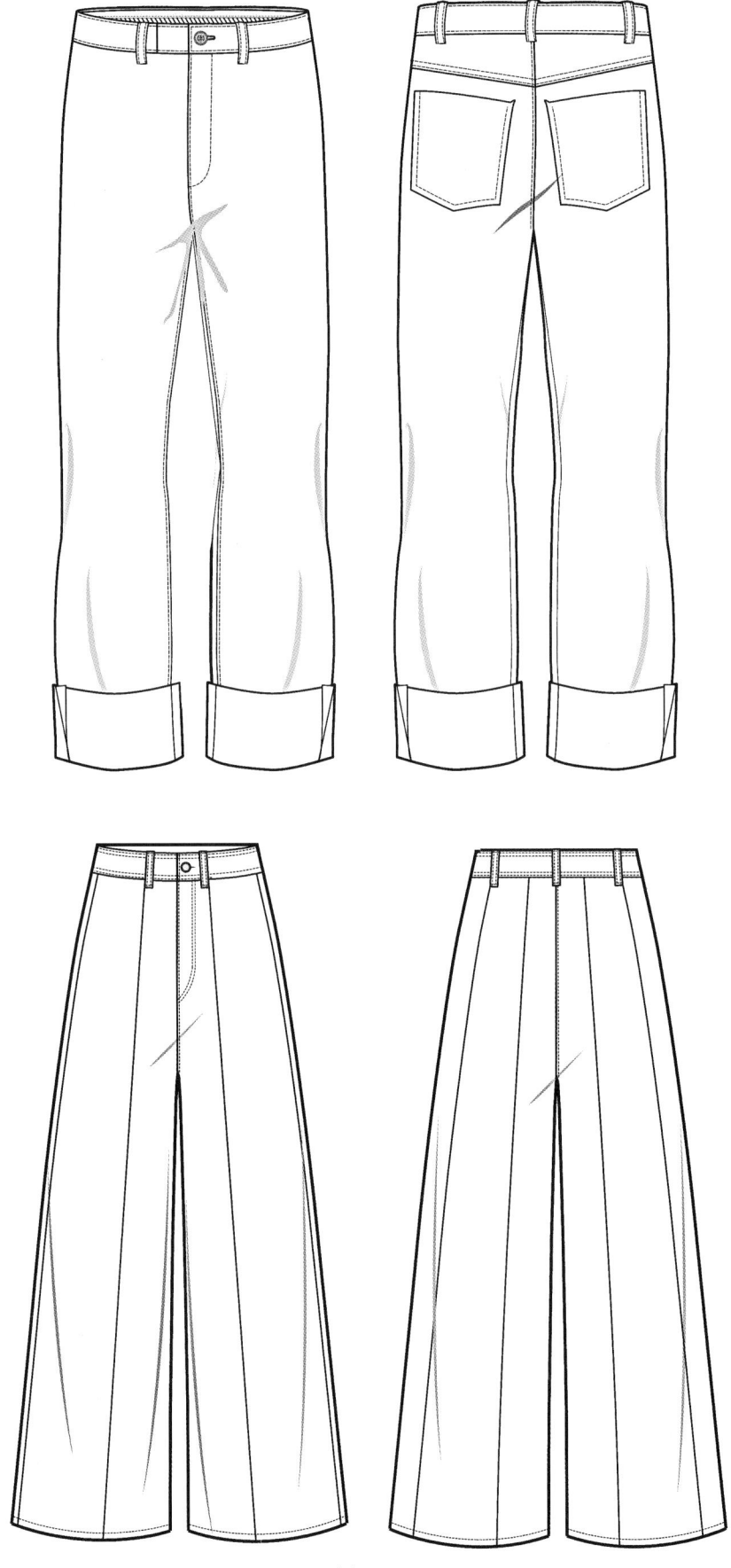

图 4-31

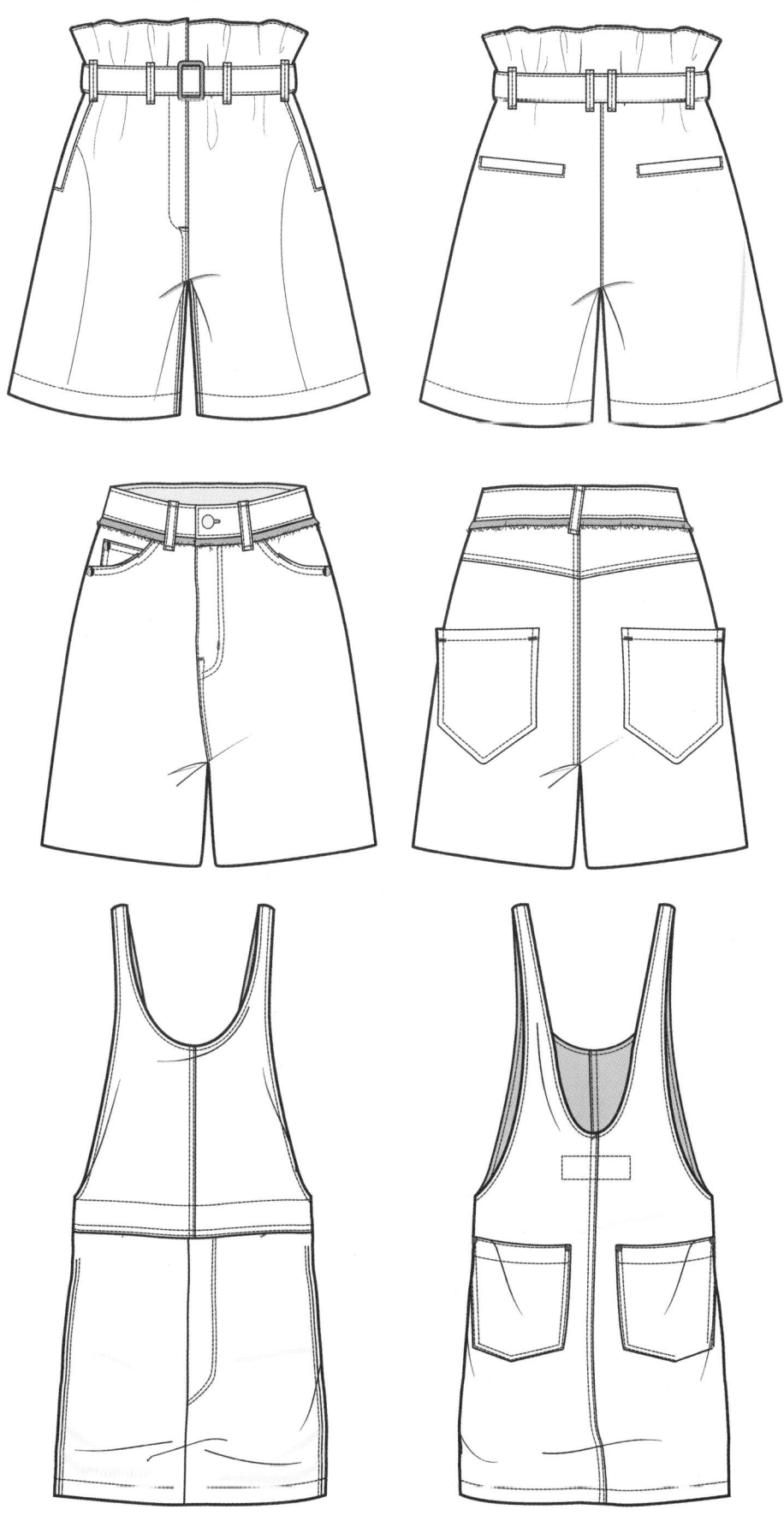

图 4-32

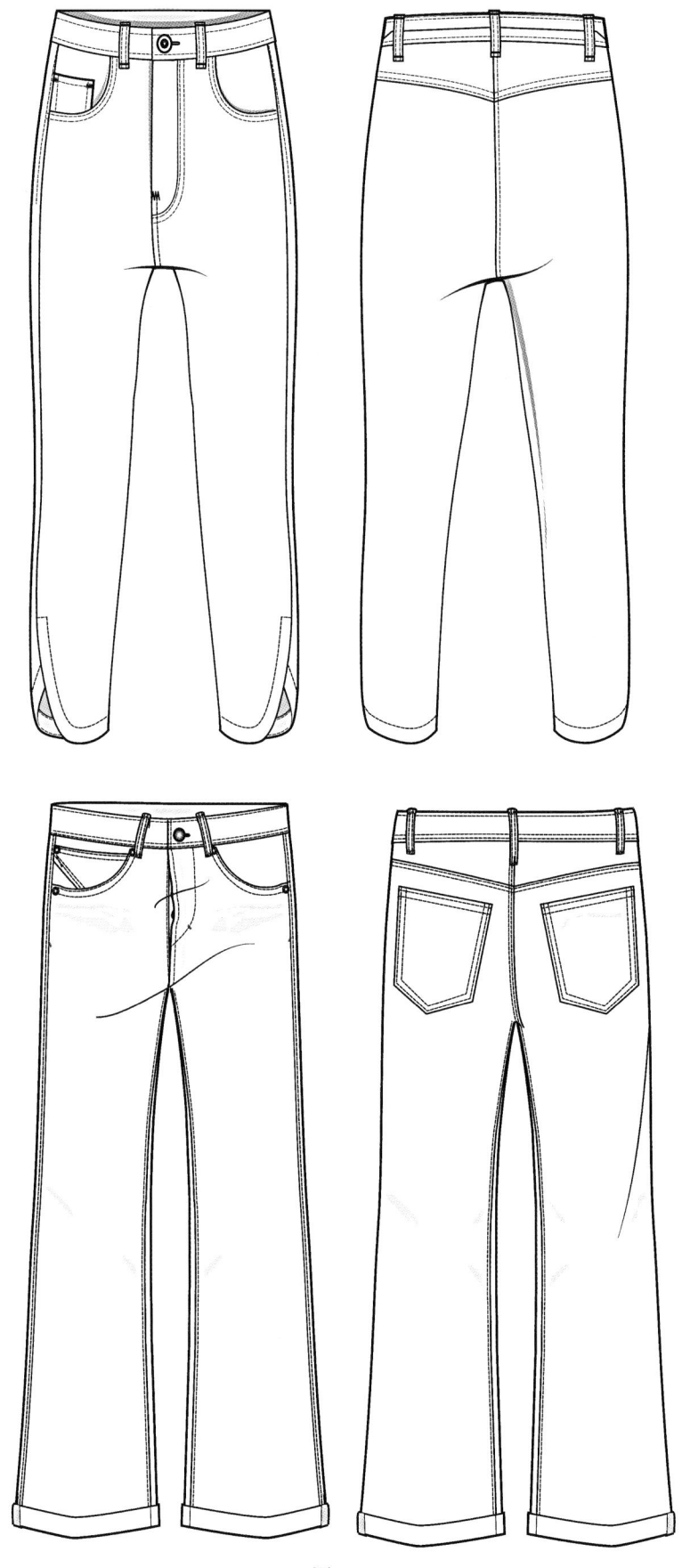

图 4-33

图 4-34

第四节
外套

一、准备阶段

1. 工具准备

准备铅笔、橡皮、直尺、曲线板、水彩笔或马克笔等绘图工具。 选用合适的绘图纸，确保纸张质量良好，不易变形。

2. 了解外套款式

在绘制之前，对外套的款式、风格、面料等要有清晰的认识。 可以参考已有的外套款式图、实物或设计草图，了解不同款式的特点和结构。

二、绘制阶段

1. 设置图纸和比例

设置合适的图纸尺寸，如 A4 纸或更大。 根据外套的实际尺寸和比例，在图纸上确定合适的缩放比例。

2. 绘制中心线

在图纸上绘制一条垂直的中心线，作为外套的中心参考线。

3. 绘制肩部轮廓

在中心线上部，绘制出外套的肩部轮廓。 肩部轮廓可以根据外套的款式和设计进行调整，如直肩、耸肩或落肩等。

4. 绘制两侧轮廓线

从肩部轮廓向下，绘制出外套的两侧轮廓线。 此时应考虑外套的宽度和长度，以及下摆的形状和剪裁。

5. 绘制领子

根据外套的款式，绘制出合适的领子形状。 领子可以是立领、翻领、无领等。

6. 绘制袖子

根据外套的款式和设计，绘制出袖子的形状和长度。 袖子可以是长袖、短袖或特殊款式的袖子。

7. 绘制口袋

根据外套的款式和设计，绘制出口袋的位置、大小和形状。 口袋可以是贴袋、斜插袋或隐形袋等。 口袋的角度对身形有修饰作用，如胸袋可以外高内低，令上半身视觉中心向上，显得高挑。

8. 绘制其他细节

根据外套的款式和设计，绘制出纽扣、腰带、拉链等细节。 注意这些细节部分的位置、大小和形状要与整体款式保持协调。

三、完善阶段

1. 勾勒最终线稿

使用水彩笔或马克笔，将外套的铅笔线稿勾勒出来。 勾勒时要保持线条的流畅性和清晰性，注意虚实线条应分明。

2. 添加文字说明

在外套款式图的适当位置，添加文字说明，说明内容如面料、尺码标注、特殊工艺要求等。 文字说明要简洁明了，确保能够准确传达设计意图和工艺要求。

3. 添加光影

根据外套的形状和光源的位置，添加适当的光影效果。 使用阴影和高光来增强外套的立体感和质感。

4. 检查和完善细节

检查外套款式图的线条、比例、细节部分和文字说明是否准确无误，确保外套款式图整洁、美观，符合设计要求和工艺要求。

四、注意事项

1. 线条和比例关系

注意外套款式图的线条是否流畅、清晰，比例是否合理。 比例关系的合理性直接影响外套的穿着效果和舒适度，故可根据检查结果进行必要的调整，如修改线条的粗细、调整比例关系等。

2. 对称性

如果外套是对称的，则其左右两边的轮廓和细节应保持一致。

3. 面料质感

若需要表现出外套的面料质感，可在外套款式图上使用线条和阴影来表达。
外套的款式表现见图 4-35～图 4-42。

图 4-35

图 4-36

图 4-37

图 4-38

图 4-39

图 4-40

图 4-41

图 4-42

91

REFERENCES

参考
文献

［1］唐伟，李想.服装设计款式图手绘专业教程［M］.北京：人民邮电出版社，2021.

［2］王渊.如何手绘服装款式图［M］.北京：中国纺织出版社，2017.

［3］郭淑华，王一焱.服装款式图电脑绘制［M］.北京：化学工业出版社，2023.